数学时空大冒险

"宇宙博士"的星际救援

梁平 智慧鸟 著

吉林出版集团股份有限公司 | 全国百佳图书出版单位

图书在版编目（CIP）数据

"宇宙博士"的星际救援/梁平，智慧鸟著 . -- 长春 :吉林出版集团股份有限公司,2024.2
（数学时空大冒险）
ISBN 978-7-5731-4537-6

Ⅰ.①宇… Ⅱ.①梁… ②智… Ⅲ.①数学－儿童读物 Ⅳ.① O1-49

中国国家版本馆CIP数据核字(2024) 第016534号

数学时空大冒险
YUZHOU BOSHI DE XINGJI JIUYUAN

"宇宙博士"的星际救援

著　　者：梁 平　智慧鸟
出版策划：崔文辉
项目统筹：郝秋月
责任编辑：徐巧智
出　　版：吉林出版集团股份有限公司（www.jlpg.cn）
　　　　　（长春市福祉大路5788号，邮政编码：130118）
发　　行：吉林出版集团译文图书经营有限公司
　　　　　（http://shop34896900.taobao.com）
电　　话：总编办 0431-81629909　　营销部 0431-81629880 / 81629900
印　　刷：三河兴达印务有限公司
开　　本：720mm×1000mm　1/16
印　　张：7.5
字　　数：100千字
版　　次：2024年2月第1版
印　　次：2024年2月第1次印刷
书　　号：ISBN 978-7-5731-4537-6
定　　价：28.00元
印装错误请与承印厂联系　　电话：15931648885

前言

故事与数学紧密结合，趣味十足

在精彩奇幻的故事里融入数学知识
在潜移默化中激发孩子的科学兴趣

全方位系统训练，打下坚实基础

从易到难循序渐进的学习方式
让孩子轻松走进数学世界

数学理论趣解，培养科学的思维方式

简单易懂的数学解析
让孩子更容易用逻辑思维理解数学本质

数学，在人类的历史发展中起到非常重要的作用。在我们的日常生活中，每时每刻都会用到数学。而要探索浩渺宇宙的无穷奥秘，揭示基本粒子的运行规律，就更离不开数学了。你有没有想过，万一有一天外星人来袭，数学是不是也可以帮我们的忙呢？

没错，数学就是这么神奇。在这套书里，你可以跟随小主人公，利用各种数学知识来抵抗外星人。这可不完全是异想天开，其实数学的用处比课本上讲的要多得多，也神奇得多。不信？那就翻开书看看吧。

人物介绍

米果

一个普通的小学生，对什么都好奇，尤其喜欢钻研科学知识。他心地善良，虽然有时有一点儿"马大哈"，但如果认准一件事，一定会用尽全力去完成。他无意中被卷入星际战争，成为一名勇敢的少年宇宙战士。

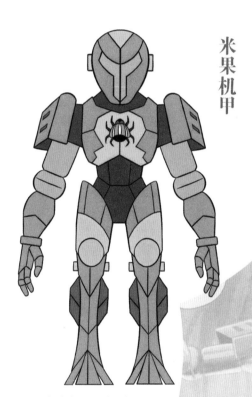

米果机甲

宇宙博士

抵御外星人进攻的科学家，一位严肃而充满爱心的睿智老人。

专为米果设计的智能战斗机甲，可以在战斗中保护米果的安全。后经过守护神龙的升级，这套机甲成了具有独立思想的智能机甲，也帮助米果成为一位真正的少年宇宙战士。

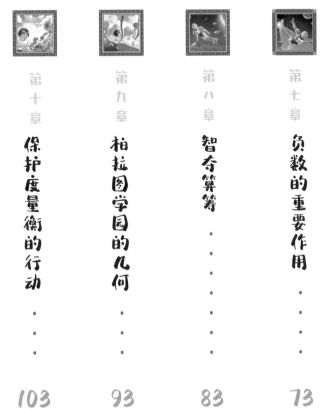

目录
CONTENTS

第一章

数学的重要性

这是一个平常的星期六上午。小学生米果照例睡了个懒觉，一直到9点才起床。父母已经出门了，桌上一如往常地放着早餐，还留了一张字条，上面写着父母大概什么时候会回家。米果也有自己的周末计划，他早和朋友约好，做完作业之后，一起去体育中心踢球。

米果洗漱后，吃了早餐，便坐在桌前打开数学作业本。可是，没写几道题，他就觉得一阵眼花，作业本上的字都像虫子一样蠕动起来。米果使劲儿挤了挤眼睛，想要集中精神，然而，眼睛闭上再睁开时，眼前的景象就已经截然不同了，这简直令他汗毛倒竖。

他仿佛置身于一艘燃烧的飞船之内，一个教授模样的老人站在指挥台前，正在快速操作着什么。透过飞船透明的舱盖，他看见一只机械蜘蛛正用它前面的8只粗大的金属利爪死死钳住飞船，而身后还有一对力量强劲的火焰推进器，此时正喷射着熊熊火焰，将飞船拖向黑洞洞的宇宙中……

不知从何处传来了一个少女急切的声音："宇宙博士，我恳请您不要这么做。"

老人叹了口气说："这是我能够使用的最后一种攻击手段。"

另一个更年轻的男声响起："我不同意您的做法。宇宙博士，只有活着才有战胜它们的方法。"

宇宙博士似乎完成了手上的操作，他站直身体，以坚毅的眼神望向那只丑陋的机械蜘蛛，平静地说："我已经将自己的大脑进行了数字化备份，把我毕生的记忆存在存储器中，存储器可随时被启动。小仙女、闪电超人，待会儿见。"说完，他按下了一个按钮。

米果的眼前闪过一束极强的光线，大脑顿时一片空白，他控制不住地放声尖叫起来。瞬间，他的眼前又重新出现了书桌和作业本。

"米果，作业写完了吗？"

伴随一阵开门声，妈妈的询问传了过来。

米果一个激灵，从幻觉中回到了现实。今天的天气虽然凉爽，但他的衣服却已经被汗水湿透了。看着眼前的作业本，刚才的画面依旧在他脑海中闪现。那是怎么回事？是他做了一个糟糕的白日梦吗？

"记得好好复习功课，别偷偷看电视，我还得去开会。"

妈妈好像是忘记拿什么东西了，回来转一圈又离开了。米果起身换掉湿透的衣服，又喝了一杯水，再次坐到书桌前，努力整理心情，认真写起了数学作业。一开始他做得很顺利，但是在应用题上却遇到了一些困难。

"方程倒是列出来了，但是该怎么解呢？哎呀，我都不知道这个方程列得对不对……"米果挠了挠头，郁闷地伸了个懒腰，想要打开课本复习一下，但不可思议的一幕在他眼前发生了：数学课本上的文字在不断消失，整本课本很快就变成了一沓白纸。

与此同时，米果发现身边的一切都开始发生变化，物体正在逐渐失去色彩，木质家具开始崩裂坍塌。还没等米果开口呼救，整个房间都开始震荡起来，墙壁和天花板像黏土一样扭曲变形，蠕动着靠近米果。

"这……这是怎么回事？"

米果想要逃跑，可他的双脚被液化的地板粘住了，他只能眼睁睁地看着变形的物体逐渐把自己包围起来。

"米果，别害怕，你是安全的。"

忽然，一个似曾相识的声音在米果耳边响起，他挣扎着爬起来，瞪大眼睛向四周看去，可周围什么都没有。

"米果，不要怕，我是宇宙博士。我来自地球之外的一个星球，也就是你们口中所说的外星人。"

"外星人？难道我又做白日梦了？"

米果咽了一口唾沫，战战兢兢地伸手四处摸索，却什么也没有摸到。

"你不是在做梦。米果，我要对你说声对不起。强行进入你的生活，是因为事态严重，我们必须分秒必争。"

"什……什么事态严重？"宇宙博士的声音似乎就飘荡在米果的耳边，可米果却怎么也看不到他。

　　"米果，你刚刚看见的景象不是幻觉，而是不久之前真实发生的事情。"

　　"不是幻觉？可是，我怎么会看到太空里发生的事呢？"

　　宇宙博士的声音听起来有些疲惫："我们星球的文明热衷于星际旅行，并进行研究和探索其他星球。我所带领的一支研究小队在银河系与一只机械蜘蛛正面相遇，遭到对方袭击。它是恶魔人派出的先锋。"

　　"恶魔人？它是什么生物呢？"米果好奇地问道。

　　宇宙博士继续说道："恶魔人是银河系以外的星系的生命体，是宇宙中的侵略者，它们以吞噬高等生命的智慧来补充自身能量。

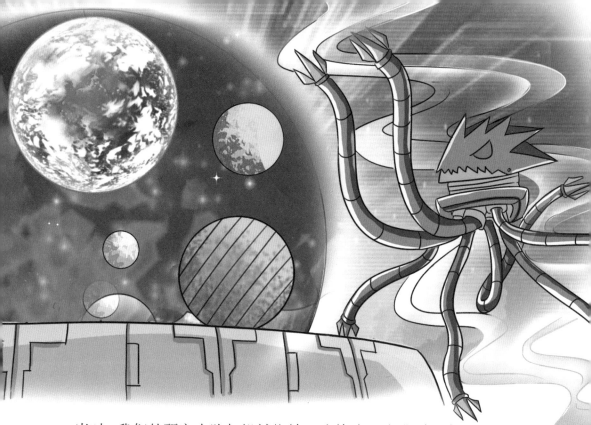

当时，我们的研究小队与机械蜘蛛一边战斗一边逃到了太阳系边缘。最终我们火力不足且缺乏增援，为了不让我们的飞船被敌人俘获，我选择了按下自毁按钮，炸毁飞船。"

"什么？飞船炸毁了？那你该不会……"米果疑惑地问道。

"对，我已经牺牲了。不过在爆炸之前，依靠我们星球的科技，我将自己的大脑数据进行了数字化备份，并存入了一个存储器中。现在我可以借助设备与人交流。"宇宙博士解释道。

接着，宇宙博士轻叹了一声，愧疚地说："然而，这场战斗却让恶魔人发现了太阳系，它们很快发现，这个星系中有一颗文明高度发达的星球，那就是地球。恶魔人的黑暗科技十分先进，它们迅速掌握了人类的文明史，妄图从根本上破坏人类的科技之源，使人类的未来消失！这群可怕的恶魔人即将入侵地球，地球文明正面临危机，对此，我应该负责任，并向地球上的人们道歉。"

听了宇宙博士的话，陷入黑暗中的米果越发不安起来。他想起了刚才发生的一切，难道刚才数学课本上文字的消失，还有世界的扭曲，都是恶魔人造成的？

"它们究竟对地球做了什么？"

"恶魔人正在截断人类历史上数学的发展历程，让地球人彻底失去计算的能力！"

米果大惑不解："只是破坏数学？数学有那么重要吗？"

"米果，你一定要记住，数学是一切科学的基础，它非常重要。"宇宙博士坚定地说道。

1. 如果没有数学，不同的人类部族在进化过程中就不可能通过交易产生交流，狭隘的地域性进化会大幅度延缓人类智力的发展。

2. 如果没有数学，远古的人类就无法通过观测星空的变化制定历法，无法产生农耕文化，人类会长期处于蛮荒状态，很难创造出灿烂的文明。

3.进入文明社会的人类更是离不开数学，不论是在日常生活中，还是进行物理、化学等学科的研究时，都是以数学为基础的。

小朋友，思考时间到了，快来想一想，在你的生活中，有哪些方面也和数学息息相关，把它们写在下面的方框里吧。

扫码开始
- 冒险勇气值测试
- 冒险智慧值提升
- 冒险技巧值挑战

第二章

人体计数法

"好像是这样啊，我现在学习所用的电脑、与人沟通用的手机、各种智能家电，运行程序不也是用二进制的计算机语言编写的吗？人类社会离开了数学还真是不得了。制造机器需要数学，建造房屋需要数学，打造家具需要数学，就连日常必需的水、电、燃气也离不开数学……

米果低头想了想，还真想不出生活中有哪一个方面可以完全脱离数学。

米果终于明白了，如果数学从来没在地球上出现过，那现代社会所有的一切都会荡然无存，人类就会回到茹毛饮血的原始状态，真是太可怕了。

宇宙博士的声音继续在米果耳边响起："现代人类记忆中的数学知识已经被抽取，如果我们不回到恶魔人作恶的时间点尽快采取行动，人类会逐步沦为恶魔人的奴隶。"

"为什么选中我？我只是一个小学生呀！"米果看不到宇宙博士，只能在黑暗中大声呼喊。

"米果，你之所以被选中，是因为整个地球上只有你还保留着对数学知识的记忆。于是，我用尽所有办法保护你，并带走了你。现在，我们正在时空隧道中逆流而上。"

宇宙博士说完这句话，米果的身边忽然亮了起来，猛然出现的光芒刺得米果赶紧眯上眼睛，好一会儿才适应。

米果发现自己身处一间机械大厅，周围的墙壁上布满了各种仪器和金属管道，几面巨大的屏幕上，显示着几只狰狞可怖的多爪怪物，正在一片光怪陆离的隧道中飞行。

宇宙博士忽然出现在其中的一个屏幕上，他说："米果，你现在已经在机械蜘蛛的身体里了。当时在飞船自爆中，贴在飞船外的机械蜘蛛并没有受到太大的破坏，于是我的存储器很巧妙地进入机械蜘蛛的操控系统，成了机械蜘蛛的操控人。快看，屏幕上的多爪怪物就是恶魔人派来的，它们正在时空隧道中追踪我们。"

　　米果望着屏幕上狰狞的怪物，抬手抹了一把眼泪："可恶的恶魔人，我的家、我的爸爸妈妈、我的朋友都还在地球上，我一定要打败你们。"

　　"现在还不是反击的时候，恶魔人太强大了，我们必须先想办法摆脱它们。"

　　忽然，地板一阵颤动，米果站立不稳，倒在地上。

　　屏幕上狰狞的多爪怪物已经越来越近，它的触手不停地扭曲着，向前一甩，抛出了一团团闪亮的电球。

　　"显示全景信息图。"

伴随着宇宙博士的声音，屏幕切换图像，外部场景完整地显现在了米果的眼前，他终于看到了自己乘坐的机械蜘蛛的全貌。

此时的机械蜘蛛已经收紧了前面的机械步足，后面的一对火焰喷射器发出熊熊烈火，在时空隧道中快速穿梭，敏捷地躲避着一团团射来的电球。

可追过来的多爪怪物实在是太多了，轮番射来的电球让机械蜘蛛疲于应付，时不时就会被击中一次。电球一旦击中机械蜘蛛，立刻就会化成一张电网，沿着一切可以深入的缝隙钻进机械蜘蛛的体内。

"宇宙博士，没事儿吧？"米果担心地大喊。

"小意思，这点儿能量还伤不到机械蜘蛛。"

宇宙博士一边回答着，一边开始了反击，无数小机械蜘蛛从机械蜘蛛身体里涌出来，密密麻麻汇成一团乌云，扑向了后面追来的多爪怪物。

追在前面的几只多爪怪物猝不及防，立刻就被小机械蜘蛛爬满了全身，它们坚固的金属外壳根本挡不住小机械蜘蛛的啃咬，很快就被啃得千疮百孔，冒着火花跌了下去。它们的身体一接触到时空隧道光怪陆离的表面，就立刻被卷入时空乱流，在一连串的爆炸声中被撕成了碎片。

"宇宙博士，你太厉害了，快把它们全都干掉。"

"没有那么简单。"宇宙博士的声音丝毫没有轻松的感觉，"快回忆一下你学过的数学知识，还能记得多少？"

米果心里一惊，立刻开始在脑海中搜索那些已经被自己背得滚瓜烂熟的数学公式，可是……任凭他绞尽脑汁，却连一条也记不起来了。

"为什么会这样？我怎么全都忘了？"米果慌乱了起来。

　　"恶魔人正试图将你头脑中与数学有关的记忆夺走。"宇宙博士飞快地说，"米果不要慌，赶快按我说的做，寻找你身体中一切和数学有关的线索，把它们牢牢记下来，让数学的火种再次燃烧，你就不会被恶魔人夺走记忆了。"

　　可是惊慌失措的米果已经不知道自己该干什么了，他手足无措地大喊："我身上又没有带计算机，怎么会有和数学有关的线索？"

　　"米果，从现在起，你要坚定一个信念，那就是数学无处不在。你们地球人的祖先最早就是利用身体器官来计数的……"

1.你知道吗？人类的祖先在数学诞生之初，就是用手指计数的。相传，因为人有10个手指，所以就以十为单位计数，这便是我们今天还在沿用的十进制。

2.据说，历史上的因纽特人还会用手指加上脚趾计数，脚趾加上手指一共有20个，所以他们的计数系统是以二十为单位的。

3. 创造了辉煌古文明的苏美尔人，更是把手指计数法发展到了原始"计算机"的程度，把每一根指节都利用上，制定了六十进制的计数系统。

扫码开始

✓ 冒险勇气值测试
✓ 冒险智慧值提升
✓ 冒险技巧值挑战

第三章
古老的计数法

在宇宙博士的提醒下，米果开始结结巴巴地数起自己的手指关节，同时寻找身体上所有和数学有关的器官，连五官、七窍、五脏六腑这些平时很少用到的知识，都被他拼命地背诵起来。

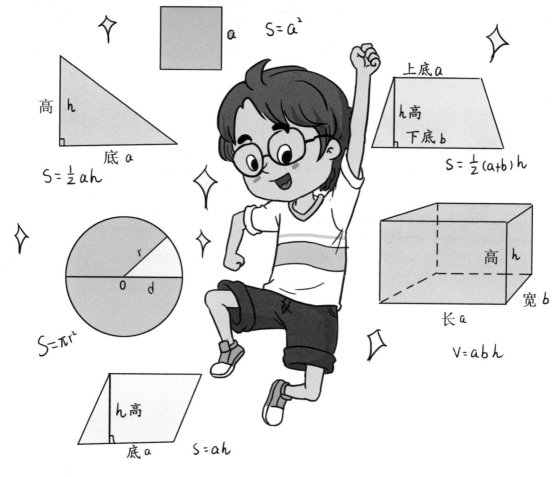

$S=a^2$

高 h
底 a
$S=\frac{1}{2}ah$

上底 a
h 高
下底 b
$S=\frac{1}{2}(a+b)h$

r
o d
$S=\pi r^2$

高 h
宽 b
长 a
$V=abh$

h 高
底 a
$S=ah$

奇怪的事情发生了，一点一滴的数学知识就像一颗颗种子，每当被米果背诵一次，就会成长一点，"种子"迅速在米果的大脑中生根发芽，越来越茂盛。慢慢地，米果之前忘记的数学知识纷纷回到了脑海里。

"三角形的面积等于底乘高除2！长方体的体积等于长、宽、高相乘！我想起来了，我全都想起来了！"

米果兴奋地大叫了起来。

"不愧是米果，现在快低头看一看，你的身体上有什么吧。"

米果低头一看，这才发现自己身上不知什么时候缠了好多条闪光的丝状物。

　　这些丝状物应该是刚刚击中机械蜘蛛并钻进缝隙的那些电球形成的，就是它们在盗取米果脑袋里的数学知识。

　　而此时，这些丝状物正在以肉眼可见的速度消散，从米果的身上滑落下去。

　　"这……这些是什么东西？"

　　"记忆游丝，恶魔人就是用它们偷走了地球人千百年来积累的智慧。"宇宙博士解释说。

　　虽然机械蜘蛛击落了几只多爪怪物，但敌人的追击却并没有结束。它们只是放慢了速度，但很快就找出了对付小机械蜘蛛的办法。所有的多爪怪物身上都浮出了一张电网，接触到这张电网的小机械蜘蛛立刻冒出火花，纷纷跌落在时空隧道的边缘，被撕成了碎片。

"恶魔人已经发现了小机械蜘蛛的弱点，我们得尽快离开。"宇宙博士焦急地说着，下达了一个命令，"集体自爆。"

米果诧异地望向屏幕，只见那些小机械蜘蛛立刻引爆了自己。

多爪怪物的电网虽然有防护功能，但爆炸产生的冲击波还是把它们推得偏离了航道，扭曲的时空乱流，瞬间将蜂拥而至的多爪怪物击毁。

　　一时间，时空隧道中浓烟四起，爆炸声此起彼伏，敌人的追击终于暂停了。

　　宇宙博士趁机加速，锁定一个时空节点跳了出去。

　　机械蜘蛛在一阵剧烈震动后，终于恢复了平静。米果看向屏幕，发现他们来到了一片一望无际的大草原，机械蜘蛛降落在一处小山包后面探测着周围的环境。

　　米果刚想问这是哪里，屏幕上就出现了一只巨大的怪兽，足有3米高，全身有棕灰色长毛，巨大的门齿向上弯曲，甩着长长的鼻子跑了过来。

　　"这不是猛犸吗？"米果大吃一惊。

"是的，我们回到了两百多万年前的地球。"宇宙博士一边回答着，一边自动调节屏幕，放大了猛犸的图像。

"个头儿真大啊，我原来只在科普书上看过猛犸的图片。"

就在米果惊叹的时候，猛犸忽然发出了一声悲鸣，向前趔趄了几步后，就倒在了地上，米果这才看清，猛犸的身侧插满了长矛，被一群裹着兽皮的原始人用石刀和石斧砍伤。

虽然看起来很残忍，但米果知道，捕猎是原始人生存的主要方式，他不能恳求宇宙博士阻止原始人的捕杀行动。

宇宙博士再次放大了屏幕，把镜头对准原始人中的一位老人说："米果，你看这位老人在干什么？"

米果仔细看去，发现那位老人没有像其他人一样去瓜分猛犸，而是拿着一把石刀，艰难地在一块骨板上刻着什么。

为了使米果看清楚，宇宙博士把镜头拉得更近了，原来，骨板上刻了十几条像阿拉伯数字"1"一样的竖线。

"个、十、百、千、万……"米果伸出手指数着，"奇怪，他记这么大的数字干吗？"

"这不是阿拉伯数字，是刻痕记数。"宇宙博士提醒米果说，"一条竖线代表一只猎物，这块骨板上记录的应该是部落所捕获猎物的数量。"

1. 刻痕计数：1937 年，考古学家在摩拉维亚发现了一根有刻痕的狼骨，长 17 厘米左右，上面有 55 道刻痕，每 5 道刻痕为一组。据考证，这根狼骨距今 3 万多年。

2. 石子计数：在地上摆出一些石子，或用随身携带的石子计数。

3. 结绳计数：根据绳子上打结的数量来计算事物的多少，比如捕猎了 6 只鹿，就打 6 个绳结。我国古老的《易·系辞下》也有"上古结绳而治"的记载，证明结绳记数在人类历史上的使用范围很广。

第四章

古代文明中的数字

"原来这就是原始的记数法啊。"

米果刚刚才得到答案，眼前却忽然发生了异变，一颗巨大的火球从天而降，落在狩猎成功的原始人身边，在地面上砸出了一个燃烧着火焰的深坑。

"这火球是陨石吗？我们得赶快想办法救他们。"米果跳起来说。

但屏幕上的宇宙博士却摇了摇头："不，这火球并不是普通的陨石，而是带有恶魔人的能量的武器。"

"恶魔人？它们这么快就追到这里了？"米果依然对可恶的恶魔人心有余悸。

"它的目标不是我们。"宇宙博士说。

屏幕上的原始人被吓破了胆，刚要放下猎物逃跑，忽然一个身影从天而降。那竟然是一个巨人，他和原始人的形象十分类似，身上披着斑斓的兽袍，手中拿着巨大的石斧，对着原始人一阵咆哮，口中吹出的气流就像一阵飓风，卷得原始人站立不稳，纷纷倒在地上。

只见巨人低头巡视一会儿，然后抬起石斧向下轻轻一指，指向那个在骨板上记录捕猎数量的老人，又指了指火球砸出的深坑，接着对原始人们发出了愤怒的咆哮。

"他是想让部落里的人烧死那位老人，难道这是恶魔人的目的！"米果猜测道。

宇宙博士点了点头："你说得没错，这个巨人身体里有恶魔人的能量。恶魔人想利用巨人除掉这位会在骨板上记数的老人，从而抹去地球上最早探索数学的人，让地球上的科技从根源上失去发展机会。"

"那我们还等什么？快阻止他。"米果焦急地说。

"遵命！"宇宙博士一边顽皮地看看米果，一边果断按下进攻按钮。

轰隆——

忽然，天空传来一声声巨响，数道"闪电"从天而降，将地面上的火堆全部击灭。

巨人抬头向空中望去，只见云层中飞出了一只体形巨大的机械蜘蛛，对着巨人喷出了闪亮的"蛛丝"。

面对突然出现的不速之客，巨人挥舞着石斧就想要迎战，可喷下来的"蛛丝"却密密麻麻地缠在了他的脸上，完全挡住了他的视线。巨人只能胡乱地挥舞着石斧在草原上跌跌撞撞地咆哮起来。

　　原始人从来没有见过这样的场景，被吓得四散奔逃。只留下那个腿脚不利落的老人瘫坐在地上。

　　就在巨人撕扯脸上的"蛛丝"之时，机械蜘蛛又放出一群小机械蜘蛛。

　　小机械蜘蛛们飞快地爬到巨人身上，吸取着恶魔人给他的能量。

　　很快，巨人就被吸成了一具空壳，身体摇晃着，狠狠砸在地面上一动不动了。

接着，机械蜘蛛从空中降落下来，停在了老人的身边。

老人以为自己会成为蜘蛛的"食物"，吓得不断向后退缩，可没想到巨大的机械蜘蛛却伸出前肢轻轻地把他扶了起来，还把记录捕猎数量的骨板也还给了他。

躲在远处的人们看到这一幕，才知道是这个"大蜘蛛"打败了那个巨人，挽救了自己的性命，于是壮着胆子连滚带爬地聚拢过来，嘴里不停地说着感激的话语。

"事情还没有结束，米果，我需要你帮一个忙。"

还没等米果发问，屏幕上的原始人身边就出现了一个与米果完全一样的男孩。

"这是我的全息投影吗？"米果问。

宇宙博士回答道："是的，我要借用你的形象，传授他们一些数学知识。"

米果兴奋地说："太好了，那你就把他们教得厉害一点儿，让地球的科学发展得更迅速，说不定未来就不用怕恶魔人了。"

宇宙博士摇了摇头："不可以，我们只能在不改变历史进程的前提下教给他们一点儿新知识。科技的发展还需要人类在对大自然的探索中慢慢积累经验。"

"那你打算教他们什么呢？"

宇宙博士在屏幕上计算了一下："按照人类的历史进程，现阶段我可以引导他们创造自己的数字。"

大约在5000多年前，人类终于开始创造真正的数字，古老的文明都产生了各自早期的计数方法。

1.古埃及计数法：在古埃及，人们用各种各样的符号来代表不同的数字，这套古老的数字书写系统被后人称为埃及数字。

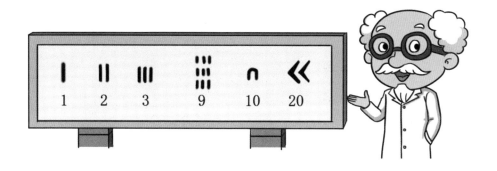

2.巴比伦计数法：巴比伦地区用泥板铭刻记数，大约开始于公元前三四千年，主要用于商业贸易、交换和储存货物登记。

3.中国古代计数法：中国人记录数字的历史几乎和汉字发展的时间一样长，甚至更早一些。公元前16世纪，中国古代的甲骨文和金文中就已经出现了成熟的计数系统，书写形式大多是结绳计数的象形数字。

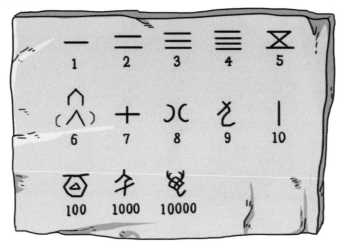

4.除了以上几种古老的计数法，人类古代文明史上还出现过古希腊计数法、古印度计数法、中美洲地区古代计数法等，虽然有些计数法已经湮灭在时间的长河中，但由于它们在世界各地创造了灿烂的文明依然值得我们发掘和研究。

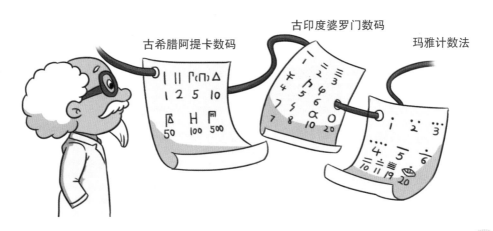

　　米果看着屏幕上自己的全息投影正在一板一眼地教原始人使用那些奇怪的数字符号，心里觉得有些好笑：这些古老的数字和阿拉伯数字相比，用起来实在太麻烦了。

　　其实，他并不知道就是这些古老的符号，使人类真正进入了数字时代，产生了科学的概念。

就在这时，另一个屏幕上忽然出现了一排排的代码，米果奇怪地问："这些代码是什么意思？"

"太好了！"宇宙博士惊喜的声音传了过来，"小机械蜘蛛从巨人身上吸取能量的同时，还破解了他体内的数据，发现了恶魔人的一部分计划。"

"这些坏蛋还想干什么？"米果立刻把耳朵竖了起来。

"恶魔人真是太狡猾了，它们不仅企图破坏人类数学的起源，而且还在人类数学史上每一个重要的节点都派去了破坏者。"

　　米果大吃一惊："天哪，我们还来得及阻止它们吗？"

　　"尝试有可能失败，不尝试绝不会成功。我们必须开始新的战斗了。"机械蜘蛛一阵震动，收回了所有的小机械蜘蛛，再次打开了时空隧道。

　　没有了恶魔人的追踪，这次时空之旅十顺利，光怪陆离的时空隧道从窗外一闪即逝，宇宙博士带着米果出现在一片黄沙滚滚的沙漠上方。

　　宇宙博士的探测结果很快就呈现在了屏幕上："时间：地球历公元 8 世纪初；地点：亚洲南部，喜马拉雅山与阿拉伯海之间。"

　　"我知道了，这里是印度河平原。"熟悉地理的米果立刻就说出了这片地域的名字，"可这附近大部分地区都是沙漠，人迹罕至，怎么会和数学有关系呢？"

　　屏幕上的宇宙博士摇了摇头："这个我也不知道,情报只是显示下一次的袭击将会在这个时间和这个地点发生。"

　　这时,远处忽然传来了一阵清脆的铃声。

　　"有人来了,隐藏。"

　　机械蜘蛛的体形太大,沙漠上没有可以隐藏的地方,就只好挥动机械步足扒开沙砾,把整个身体埋入沙中,只在地面上留下一个潜望镜,以便观察外面的情形。

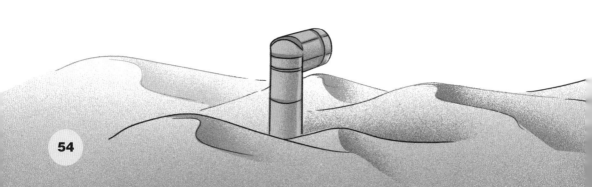

伴随着一串串清脆悦耳的铃声，一支由上百峰骆驼组成的商队，正在缓缓地前进。

"好像是阿拉伯人的商队，我知道恶魔人想干什么了。"米果急忙说道，"现代数学使用的是阿拉伯数字，恶魔人一定是想阻止阿拉伯数字的产生！"

屏幕上的宇宙博士也露出了恍然大悟的表情："你说得对，这应该就是恶魔人的阴谋。"

此时，驼队的前方忽然黄沙滚滚，一个可怖的身影从地下钻出来，它有三个头，长长的红色头发，青面獠牙，对着商队大声吼叫起来。

"开启自动翻译。"

宇宙博士发出指令，怪人的吼叫立刻被翻译成了米果能听懂的语言：

"快交出藏在队伍里的印度人，我就放过其他人。"

"为什么它要的是印度人呢？"米果立刻诧异了起来。

"打开地球历史数据，开始信息检索。"宇宙博士立刻打开了搜索引擎，为米果解答疑惑。

很快，米果的问题有了答案，宇宙博士对米果说："原来是这样，我们之前对阿拉伯数字的理解都错了。"

阿拉伯数字，也称"印度－阿拉伯数字"，最初印度人用梵文的字头表示，几经演变传至阿拉伯帝国，12 世纪初又传到欧洲，故称为"阿拉伯数字"。

1. 根据记载，发明阿拉伯数字的是生活在公元 3 世纪的古印度科学家巴格达。而且最早的阿拉伯数字至多到 3，如果想表达 4 这个数字，就必须把 2 和 2 加起来；想要表达 5 这个数字，就要用 2 加 2 加 1。

2. 两河流域的古代居民在巴格达发明的基础上继续改进，发明出了 1、2、3、4、5、6、7、8、9 九个符号，这成了现代计数系统的基础。

3. 大约在公元 700 年前后，阿拉伯人征服了印度的部分地区，他们发现印度数字和印度计数法既简单又方便，因此，阿拉伯人非常乐于学习印度的数学知识。从此，善于经商的阿拉伯人开始使用这种便捷的数字进行商业贸易。

4.后来，阿拉伯人把这种数字传入西班牙，又在公元10世纪左右传入欧洲。在使用阿拉伯数字以前，中国历史上长期使用的计数符号是用算筹摆出的形状"数码"，正式使用阿拉伯数字的历史仅有一百多年。

中国算筹计数法

横式	一	二	三	☰	☰	⊥	⊥	⊥	⊥
纵式	Ⅰ	Ⅱ	Ⅲ	ⅢⅠ	ⅢⅡ	T	T	T	T
	1	2	3	4	5	6	7	8	9

因此，阿拉伯数字并不是阿拉伯人发明的，而是印度人发明的。阿拉伯人只是传播者和改进者，"阿拉伯数字"更准确的说，应该是"印度－阿拉伯数字"。

第六章

拯救零的任务

宇宙博士沉思了一下，忽然说："米果，这个敌人就交给你去解决吧。"

米果看了看屏幕上的怪物，惊讶地大声说："我去解决？我又不是孙悟空，怎么斗得过它？"

宇宙博士神秘地一笑："我早就想到了这一点，已经给你准备好了一件礼物。"

还没等米果开口询问，机械大厅中立刻钻出了无数小机械蜘蛛，一拥而上，飞快地扑向了米果。

米果吓了一大跳，可地板上密密麻麻的小机械蜘蛛让他连逃跑的地方都找不到，只能任凭小机械蜘蛛爬满全身。

米果很快就发现小机械蜘蛛并不是在袭击自己，一阵啪啦声过后，它们竟然组合出了一身正适合自己的机械战甲。

"啊，好酷！我好像变成了电影里的机甲战士！"

米果摆动了一下手臂，又踢了踢腿，成百上千只小机械蜘蛛组成的机甲，不但没有沉重感，反而让他控制自如。

"这副机甲具有智能识别系统，目前只听命于你，你可以随意操作。"宇宙博士解释说。

"这么结实还如此轻巧，而且竟然还能飞？现在我用不着怕那个怪物了！"米果灵活地挥舞着小拳头。

　　与此同时，沙漠中的商队面对着三头六臂的神怪，哪儿还会有反抗的勇气？他们立刻就献出了队伍中的数学专家。

　　"米果。事不宜迟，马上去救人！"宇宙博士急忙说道。

　　怪物正要对商队下手。不料，它的攻击被一位个头儿不大的机甲战士用身体挡住了。

　　"可恶！"

　　怪物的三个头颅一起发出怒吼，张牙舞爪地扑向了米果。

　　"我……我该怎么办？"

　　米果一时不知所措。

眨眼间，米果的四肢就被怪物抓住，并疯狂地撕扯起来。

"我要把你撕成碎片！"

攻击来得虽然猛烈，但米果却感受不到一点儿疼痛，心想：宇宙博士的机甲真是太厉害了。

"米果，冷静下来，集中精神。"

宇宙博士的提醒在米果耳边响起，米果终于不再惊慌，大脑飞速转动起来。

米果想起宇宙博士对机甲功能的讲解，立刻向机甲发出指令。

"你虽然抓住了我的四肢，但我还有眼睛，发射红光！"

果然，机甲的眼中射出了两道红色的光。距离如此之近，怪物根本来不及躲闪，瞬间就被红光炙热的高温熔化了。

　　"谢谢你拯救了我们。"商队里的人一拥而上，纷纷向米果表
示感谢。

　　米果刚想摆出胜利者的姿态得意一下，却嗖地被宇宙博士召唤
回了飞船："没时间炫耀了，我刚刚收到求救信号，我们必须尽快
赶去救援！"

时间：公元500年

地点：古罗马

任务：拯救数字零

任务要求：保持隐蔽，秘密行动

此时，屏幕上出现了几行文字："时间：公元 500 年；地点：罗马；任务：拯救数字零；任务要求：保持隐蔽，秘密行动。"

"这是谁发来的信号？"米果疑惑地问。

宇宙博士摇了摇头："信号来源不详，但我们必须尽快行动，因为零的存在实在太重要了！"

1.0在数学中起着举足轻重的作用，在小数里，0表示小数和整数的界限；在记数中，0表示空位；在0之外的整数后面添一个0，就是原数的10倍；没有0，基本的加减法计算都无法成立，就更不用说整个数学体系了。

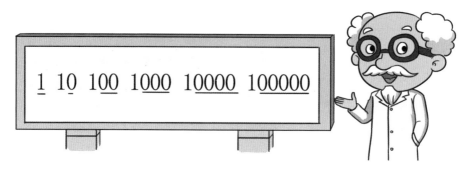

2.0是阿拉伯数字产生后出现的。在0还没有出现的时候，为了表示数字的某一位上一个计数单位也没有，就只能空出一个位置。后来，古印度的数学家正式提出了0的概念，但最初只是用一个点来表示。

3. 我国古代的诗歌集《诗经》里曾提到了"零"，意思是"零星""零散"；而在1700多年前，魏晋数学家刘徽注《九章算术》中，已经把"0"作为了一个数字概念。

4. 据考证，我国古人在著述中会用"□"表示缺字，所以表示数学上的"0"时也用"□"表示，经过长期演变，正方形逐渐变成容易书写的圆形。

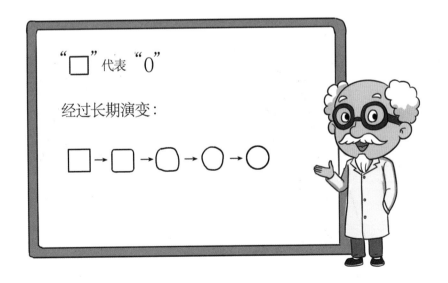

扫码开始
- 冒险勇气值测试
- 冒险智慧值提升
- 冒险技巧值挑战

第七章
负数的重要作用

“原来零的存在这么重要！”

米果明白了敌人的阴险计划，恶魔人接连几次的行动，都是企图阻止阿拉伯数字在全世界的传播和运用。

宇宙博士也得出了同样的结论："探测完毕，被你消灭的怪物身上同样有着恶魔人的能量，一定是恶魔人制造的怪物"

“拯救零计划开启！目标——古罗马！”

　　宇宙博士和米果再次进入时空隧道，根据情报提供的坐标跳跃到了古罗马帝国一个极为宽阔的广场上空。

　　广场上似乎在举行集会，许多人在围观着什么。根据情报提示，这是一次秘密行动，宇宙博士依然不能暴露，只能隐藏在云层中，单独将米果传送到地面上。

　　米果带着翻译器，换上了当时的服饰挤在人群里，发现广场中心用很多木材围绕着一只高大的木桩，木桩上捆着一位奄奄一息的老人。

　　而旁边则站着一位胖乎乎的执行官，正在宣读着老人的罪行：
"神圣的数字里从来就没有'零'这个邪恶的存在，我们今天就要
用火焰惩罚这个使用'零'的罪人。"

　　"这也太荒谬了吧？宇宙博士你刚刚不还说'零'已经被印度
人发明了吗？为什么在罗马使用'零'竟然还会被烧死？"

　　米果用藏在领口的对话器轻声询问。

宇宙博士很快就回答说："我们现在是在公元 500 年的古罗马，这个时候的罗马数字里没有'零'。虽然已经有罗马学者从印度的计数法里发现了'零'的存在，并把它运用到了数学运算中。但这个时候的知识被执政者掌控着，执政者认为'零'是邪恶的数字，谁敢使用'零'，谁就是妄图谋反，要受到最严酷的惩罚。"

"真是太愚昧了！"

米果心里火冒三丈，他怎么也没有想到，这次的任务竟然不是对抗恶魔人，而是从人类自己的手中拯救数学。

“点火，让罪人得到应有的惩罚吧！”

随着执行官的一声命令，十几只火把一起投到了柴堆上，熊熊的火焰立刻燃烧了起来，炙热的火苗升腾着扑向了被捆在木桩上的老人。

“宇宙博士，快想办法救人。”米果着急地大喊。

“收到，让我来一场人工冰雹吧！”

宇宙博士答应一声，对着云层喷射出大量的冷凝气体，云层中的水滴瞬间凝结成鸡蛋大小的冰雹从空中砸了下来，把广场上包括神官在内的人砸的鬼哭狼嚎，四下奔逃。

78

与此同时，无数个小机械蜘蛛聚集向广场，一边打开防护罩为米果和老人遮挡着冰雹，一边爬上柴堆熄灭了火焰，并咬断了捆着老人的绳子。

一道白光闪过，老人和米果一起被传送到了罗马城外的安全地点。

"你……你难道是来救我的天使吗？"被拯救的老人不可思议地看着米果问。

米果不能暴露身份，只能按照宇宙博士的嘱咐，把关于负数的知识交给了老人，让他继续隐秘地为人类传播数学知识……

1. 如果没有负数，人类就无法记录低于海平面的深度，无法计算 0℃以下的温度……可以说，正是负数的出现，促使了人类科技日新月异的发展。

零下 10℃—

2. 我国是最早使用负数的国家，早在汉朝的《九章算术》中，就已经给出了正负数运算的法则；三国时期的学者刘徽更是直接给出了正负数的定义，建立了负数的准确概念。

粮食入库为正，粮食出库为负；
收入的钱为正，付出的钱为负。

3. 外国最早在数学上记录负数的文献，是由古印度数学家婆罗摩笈多于公元 628 年完成的《婆罗门历算书》。它的出现是为了表示负资产或债务，而欧洲数学家直到 17 世纪才接受负数的概念。

第八章
智夺算筹

扫码开始
冒险勇气值测试
冒险智慧值提升
冒险技巧值挑战

"每一个文明的发展都不是一帆风顺的，总是要在各种经验教训中慢慢成长。"宇宙博士感慨地说。

　　米果呆坐了一会，忽然想到一个新问题："对了，能不能查到究竟是谁给我们发来的求救信号？难道还有其他人在和我们一起试图在危机中扭转地球的命运？"

　　宇宙博士刚想回答，报警器忽然响了起来："警报警报，发现敌情！警报警报，发现敌情！"

　　"敌人的距离太远，只能探测到微弱的能量波动。"

　　宇宙博士说着，放出一只小机械蜘蛛，在时空隧道中寻找着敌人的踪迹。

很快，屏幕上就出现了一个旋转的碟形飞行器。这个形状的飞行器，米果在科普书上看过，"看起来……好像是飞碟。"

　　"应该是恶魔人的飞行器，我们跟上去。看看它们又想做什么坏事。"

　　小机械蜘蛛已经悄悄附着在飞碟上，成了一个追踪器，宇宙博士带着米果，悄悄地跟了过去。

　　很快，追踪器显示，恶魔人的飞碟从一个时间节点跳出了时空隧道，宇宙博士和米果也紧随其后跳了出去。

"这里是古代的中国。"米果说道。

只见在一座飞檐斗拱、回廊蜿蜒的中式院落里，一些穿着古代服装的人正跪坐在一张张席子上，一边翻看着竹简，一边用手拿着很多木棒在排列着什么。

就在这个时候，飞碟忽然出现了，院子里的人瞬间被飞碟放出的电流击倒在地，昏了过去。紧接着飞碟又发射出一道白色的光，把院子里的竹简和那些木棒样的东西全都吸了进去，然后飞速消失了。

这时候的米果已经从宇宙博士的资料库里查到：这是一座书院，被飞碟放出的电流击晕的是正在上算术课的学生和老师。

　　"宇宙博士，快追上去，恶魔人从书院里拿走的东西一定很重要！"

　　米果一边对宇宙博士说着，一边在大脑中发出指令，小机械蜘蛛们立刻完成了机甲的拼装。

　　恶魔人的飞碟刚想跳入时空隧道，前往下一个时间节点搞破坏，却忽然停止旋转，静静地悬浮在空中。

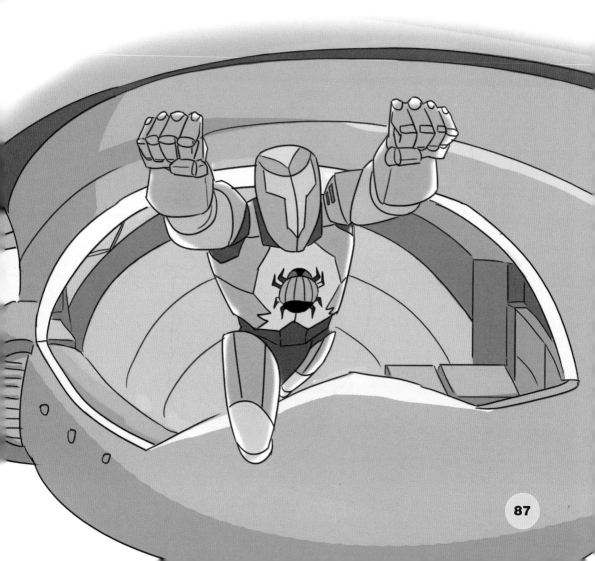

原来是穿着机甲的米果，用手抓住了飞碟的边缘，正在用力把它向地面上拖。

机甲的大小只有飞碟的几十分之一，但能量却足以抵挡飞碟的反抗。宇宙博士此时也飞到了飞碟的正上方，发出牵引光束，彻底锁定了飞碟。

米果耳边响起了宇宙博士的声音："这只是一艘无人驾驶的飞碟，杀伤力不强。"

"快检查一下，飞碟从书院拿走了什么？"

　　米果和宇宙博士一起把飞船拖到郊外，小机械蜘蛛们一拥而上，为了补充能量，它们很快就把整个飞碟吞食殆尽，只剩下了一堆刚刚从书院抢的东西。

　　米果望着这些东西，奇怪地挠起了头："这就是飞碟刚刚抢走的竹简，上面好像写着'九章算术'。这些木棒是干什么用的呢？算盘我认得，可那又是什么呢……"

　　宇宙博士发出了探测射线，扫描了一遍这些东西后，很快就给出了米果正确答案。

1.《九章算术》是中国古代的数学专著，为中国传统数学奠定了基础。中国古代的数学家大都是从《九章算术》开始学习和研究数学的。《九章算术》的内容十分丰富，全书采用问题集的形式，收有246个与生产、生活实践有联系的数学问题，其中每道题都有问（题目）、答（答案）、术（解题步骤），是古代集学术与应用价值于一身的重要数学典籍。

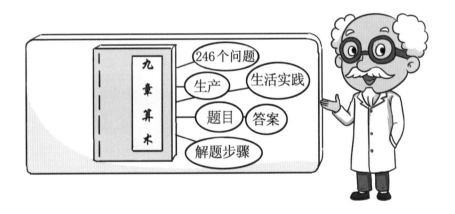

2.故事中，飞碟抢走的木棒是算筹，是古代记数的重要工具，由一根根同样长短和粗细的小棍子组成，需要计数和计算的时候，就把它们取出来排列运算，个位用纵式，十位用横式，百位用纵式，千位用横式，万位用纵式。就是这一根根小棍子，促进了整个中国数学史的发展。

3. 中国数学计算历史的第一次重大改革是算盘的出现，大约在 2600 多年前，中国人在算筹的基础上发明了算盘，大大提高了数学运算的效率。算盘轻巧灵活，携带方便，先后流传到日本、朝鲜和东南亚等地，后来又通过阿拉伯商人传入西方，对世界数学的发展与进步都产生了重要影响。

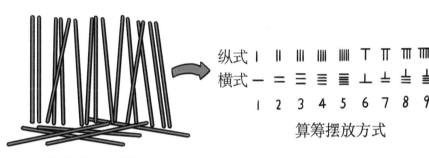

古代的象牙算筹

算筹摆放方式

算筹计数方式

表示一个多位数，是把各位数码由高位到低位从左至右横着排列，各位筹式必须纵横相间。

例如，1985 用算筹表示为：

　　一 ⊤⊤⊤ ⊥ ⫲⫲⫲

数字"零"表示空位，例如，8021 用算筹表示为：

　　⊥ 　 = Ｉ

扫码开始

✓ 冒险勇气值测试
✓ 冒险智慧值提升
✓ 冒险技巧值挑战

第九章
柏拉图学园的几何

"恶魔人的目的应该是阻止地球人计算能力的进步。"米果很快就得出了结论，"它们在掠夺人类数学历史上重要的计算工具和珍贵的数学书籍。"

"你说的对，数字产生之后，人类的运算水平飞速发展，恶魔人当然不想看到这个结果。按照这个规律推断，如果我没猜错的话，恶魔人下一个目标应该是古希腊！"宇宙博士分析道。

"时间：公元前338年；地点：雅典城！"

时空隧道再次开启，眨眼间，宇宙博士和米果来到了2300多年前的古希腊雅典城。

在雅典城郊外的一片树林，温暖的海风吹拂着浓郁的绿荫，三三两两的古希腊学者们伴着飒飒的树叶声响，漫步在丛林深处的柏拉图学园外，思考着人生和大自然中蕴涵的无尽智慧。

在宇宙博士的帮助下，米果再次伪装成他们中的一员，混入了人群中。

  诞生了无数科学家和哲学家的柏拉图学园就位于树林深处，学园的大门紧闭，门口挂着一块木牌，宇宙博士说门牌上的意思是"不懂几何者不得入内"。

  米果心想："这真是一个奇怪的规矩。"。

  宇宙博士解释说："这是柏拉图学园的创始人柏拉图定下的规矩。他认为数学和几何学是看清这个世界的基础。你现在的任务就是赶快进入学园，去保护柏拉图的学生欧几里得。"

  米果挠了挠头："我认识几种几何图形，还知道一些测量和计算的方法，勉强算是懂几何，可以进入吧？"

说着，米果就推开门走了进去，在宇宙博士的引导下，他很快就找到了一位正在全神贯注地画着什么的老人。

老人用一根长长的树枝在地上画着几何图形，一旁放着一卷羊皮纸。米果不敢打搅他，只是静静地站在一旁，等待着他工作结束。

可就在这个时候，忽然蹿出一个黑影，伸手抢走了老人身旁的羊皮卷，又纵身跃起打算逃跑。

"不好！"

米果眼疾手快，一抬手，隐藏在他手腕上的小机械蜘蛛立刻吐出两道"蛛丝"，缠住了那个黑影。可黑影猛地一挥手，又把羊皮卷扔到空中，一只黑色的怪鸟从空中俯冲而下，抓着羊皮卷就飞向高空，瞬间超出了米果的攻击范围。

被米果捉到的那个黑影是一只机械猴，小机械蜘蛛并没有从它的记忆芯片中得到什么有用的线索。

此时，老人也回过神来，对着空中捶胸顿足地大叫："我一生的心血，我的《几何原本》！"

"宇宙博士，《几何原本》是什么？恶魔人为什么要抢夺它？"

很快，宇宙博士就把资料传输给了米果。

1.几何学源于人类的祖先对物体的形状、大小的观察、位置关系和方向、距离的记录，以及丈量土地、测量容积、制造器皿时积累的经验，人类的生存发展从一开始就和几何息息相关。

2.公元前2000年左右，埃及尼罗河附近的居民每年都要重新丈量被洪水淹没的土地，年复一年，积累了许多土地测量方面的技术和方法，从而产生了几何学的初步理论知识。

3. 后来，古希腊人在贸易过程中从古埃及人那里了解到了几何学，并进一步整理发展。柏拉图学园的著名学者欧几里得把古埃及人和古希腊人的几何学知识进行了系统的总结和整理，著就具有里程碑意义的《几何原本》，直到今天，我们学习的几何学知识还是以《几何原本》为基础发展延伸起来的。

4. 几何学的历史悠长，内容丰富，它和代数、分析、数论等关系极其密切，几何思想是数学中重要的思想之一。可以说，没有几何学就没有数学，更没有现代科技的产生和发展。

第十章

保护度量衡的行动

扫码开始
- 冒险勇气值测试
- 冒险智慧值提升
- 冒险技巧值挑战

眼看《几何原本》就要被怪鸟带走之时，机械蜘蛛从暗处凌空跃起，抛出一张电网，牢牢地抓住了怪鸟。

随后，人们就清楚地看到一只巨大的机械蜘蛛慢慢地在柏拉图学园的花园里降落了下来，在场的学生们都被吓得躲了起来。可欧几里得不但没有害怕，反而满脸惊喜地走过去，用手摸索着机械蜘蛛流线型的金属外壳，情不自禁地感叹："多么完美的几何构造啊，你们一定来自未来吧？"

　　米果惊讶得目瞪口呆，这个生活在几千年前的老人，怎么会一下子就看出他们是未来的人？

　　欧几里得接过机械蜘蛛递来的《几何原本》，微笑着摇了摇头："我知道关于时间的秘密不能随意透露，所以你不用回答我的问题。能看到你们，就证明我总结和整理的《几何原本》对人类世界有过帮助，因此我已经很满足了。"

　　"真是一位了不起的老爷爷。"米果崇拜地说道。

　　米果虽然不能告诉老人关于时间的秘密，但他还是在柏拉图学园停留了一整个下午，向老人学习了很多关于数学的知识。

　　"你们一定是在执行保护数学的任务吧？"在和米果告别的时候，欧几里得说，"希望你们能接受我的一个提醒，从古到今所有的数学知识都与度量衡息息相关。如果没有统一的度量衡标准，无论是几何学还是数学，都只能是空中楼阁。所以，接下来，你们知道该做什么了吧？"

"可什么是度量衡呢？"米果疑惑地问道。

回到飞船里后，米果立刻在宇宙博士的帮助下开始了检索，又是一连串的新知识出现在了米果眼前。

　　宇宙博士补充说："在古代，因为国与国之间的度量衡不同，进行交易的时候就会引起误会，甚至引发战争；在现代科技中，长度计量单位已经精确到了纳米，稍有误差就会造成难以挽回的损失，所以统一而准确的度量衡非常重要。"

米果握紧拳头："难怪欧几里得爷爷会提醒我们，恶魔人的下一个目标应该就是阻止人类度量衡的统一。"

"这么说的话，我已经知道恶魔人下一个目标是哪里了——时空跳跃，开启！"

宇宙博士控制的机械蜘蛛飞船白光一闪，消失在了古希腊雅典城的上空。

然而，米果和宇宙博士谁也没有听到，就在不远的空中，一个肉眼看不到的身影喃喃说道："宇宙博士、米果，坚持住，我很快就会和你们一起参加战斗了。"

1.度量衡就是指人类在日常生活中计量物体长短、容积、轻重的统称。我们常用的千克、米、秒都属于度量衡的单位，统一的度量衡是科学进步发展的必要基础。

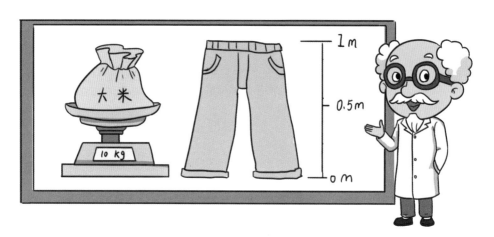

2.中国的度量衡发展很早。大约在四五千年前，随着中华文明的发展，商品交易越来越频繁，度量衡也就应运而生了。早在周朝，统治者就开始推行严格的度量衡管理制度，并设置了主管的官职；秦始皇建立秦朝后，制定了统一的度量衡，我国一直沿用了两千多年。

3.世界上不同的国家有着不同的度量衡。为了便于交流学习，促进科学的稳步发展，1875 年法、德、美、俄等 17 个国家的代表签订了《米制公约》，确定米制为国际通用的计量制度，并成立了国际计量局。

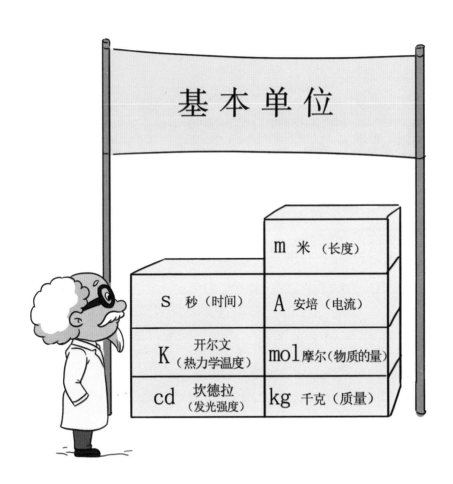